U0081321

食醫心鑑

甲子夏六月

東方學會印行

食醫心鑑目次

目錄

小兒諸病食治諸方

目錄

食醫心鑑

唐 昝殷 撰

論中風疾狀食治諸方

黃帝曰歲之所以多風疾之病者何氣使然師曠對曰此八正之候常以冬至之日風從南方來者名爲虛風賊傷人者也以夜至萬民皆臥而不犯之也故其歲萬民少病以其晝至萬民懈墮而皆中於風故萬民多病虛邪入客於骨而不發於外至於立春氣大發腠理立春之日風從西來者萬民皆中於虛風邪相搏經氣絕代故諸逢其風而民之遇其雨者名遇風歲露焉因歲之和少賊風無病死者歲多賊風邪之氣寒溫不適則多病矣風從南來者名曰大弱其傷人也內舍於心外舍於脉其氣主爲熱風從西南方來者名曰謀

風其傷也內舍於脾外舍於肥肉其氣主爲弱風從西方來者名曰剛風其傷也內舍於肺外在皮膚其氣爲燥風從西北方來者名曰折風其傷人也內舍於小腸外在手太陽之脉脉絕則泄閉則結不通則喜暴死風從北方來者名曰大剛之風其傷也內舍於腎外在骨肉及膂筋脉其氣主爲寒痺風從東北方來者名曰胸風其傷人也內舍於腸外在兩脇腋骨下及四肢節風從東方來者名曰嬰兒之風其傷人也內舍於脾外在筋絡其氣爲濕痺風從東南方來者名曰弱風其傷人也內舍胸外在於肉其氣主爲體重凡八風者皆從其虛之鄉來乃能病人三虛相摶則爲暴病卒死兩實一虛則爲淋露寒犯其雨濕之地則爲痿故聖人避邪風如避矢石其三虛而偏中於邪風則爲繫仆偏枯矣

治中風心脾熱言語蹇澀精神惛憒手足不隨宜喫葛粉索餅方

葛粉 四兩　荊芥 一握

右以水四升煑荊芥六七沸去滓澄淸軟和葛粉作索餅於荊芥汁中食之

治中風心脾熱言語蹇澀精神惛憒手足不隨口喎面戾宜服粟米粥方

白粱米 三合　荊芥　婆訶葉 各一握

右以水三升煎荊芥婆訶取汁一升半澄濾投米煑粥空心食之

治中風五藏擁熱言語蹇澀手足不隨神情冒昧大腸澀滯宜喫冬麻子粥方

冬麻子（半升）　白米（三合）

右以水二升研濾麻子取汁煮粥空心食之

治中風言語蹇澀手足不隨大腸擁滯宜食薏苡人粥方

薏苡人（三合）　冬麻子（半升）

右以水三升研濾麻子取汁用煮薏苡人煮粥空心食之

治中風手足不隨言語蹇澀嘔吐煩燥惛憒不下方

白粱米飯（半斤以漿水浸）　葛粉（四兩）

右漉出粟飯以葛粉拌令勻於豉汁中煮調和食之

治中風頭痛心煩若不下食手足無力筋骨疼痛口面喎言語不正宜喫薏苡人粥方

葱白　婆訶（各一握）　牛蒡根（切五合）

豉（三合）　薏苡人（擣三合）

右以水四升煑葱白牛蒡根婆訶等取汁一升半去滓投薏苡人煑粥空心食之

治風頭目眩心肺浮熱手足無力筋骨煩疼言語似澀宜食蒸驢頭方

烏驢頭一枚

右燖治如法蒸令熱重炰任性著鹽醋椒葱食之

治中風手足不隨筋骨疼痛心煩燥口面喎斜宜喫蒸烏驢皮方

烏驢皮一領

右燖洗如法蒸令熟切於豉汁中五味更煑空心食之

治風眩羸瘦小兒驚癇丈夫五勞手足無力宜喫蒸羊頭肉方

白羊頭

右燖治如法蒸令極熟切以五味汁和調食之

治中風心肺熱手足不隨及風痹不仁筋急五緩恍惚煩躁宜喫熊肉腤臢方

右以熊肉一斤如常法切腤臢調和空心食之

治諸風濕痹筋攣膝痛積熱口瘡煩悶大腸祕澀宜服大豆妙方

大豆一兩爲末　土蘇半斤

右相和令勻不約時煑爛後食一兩匙

治風寒濕痹五緩六急骨中疼痛宜食烏雌雞羹方

烏雌雞一隻

右治如法煑令極熟細擘以豉汁葱薑椒醬作羹食之

治風寒濕痺四肢拘攣

右蒼耳子三兩爲末水一升半煎七合去滓服

治諸風脚膝疼痛不能踐地宜喫羔鹿蹄方

鹿蹄四隻

右治如食法煑令極熟擘取肉於五味中重羔空心服之

治頭風寒濕痺四肢拘攣宜喫羔蒼耳菜方

蒼耳嫩葉一斤 土蘇一兩

右煑蒼耳葉三五沸漉出五味調和食之

治中風毒心煩口乾手足不隨及皮膚熱瘡宜喫羔牛蒡葉方

牛蒡肥嫩葉一斤 土蘇半兩

右細切牛蒡葉煑三五沸漉出於五味汁中重羔點蘇食

之

浸酒茶藥諸方

治大風手足攤緩一身動搖驢頭酒方

烏驢頭一枚

右燖洗如法煑熟和汁浸麴如常家醞酒法候熟任性飲之

治久風濕痺筋攣膝痛胃氣結積益氣止毒熱去黑誌面䵟皮膚光潤牛膝浸酒方

牛膝根二斤洗切　豆一升　生地黃切二升

右以酒一斗五升浸先炒豆令熟投諸藥酒中經三兩宿隨性飲之忌牛肉

治風毒在骨節疼痛不可忍虎脛骨浸酒方

虎脛骨二斤炙令黄剉　牛膝二兩　芍藥三兩

防風四兩　桂一兩

右並剉以生絹袋盛浸酒二斗經三兩宿隨性飲之忌牛

肉生葱

治脚膝頑麻無力頭目昡五臟虛烏粘子浸酒方

烏粘子二升　甘菊花四兩　天蓼木二斤剉

治以酒一斗浸經四五宿隨性飲之

治手足痺弱不可持物行動無力及耳聾腎藏虛損益精保

神守中石英磁石浸酒方

白石英十兩剉　磁石十兩研以水浮去濁汁

右以生絹袋盛以酒一斗五升浸三五宿任性煖飲之酒

盡旋入

治風濕痺頑五緩六急野駝脂酒方

野駝脂一升

右鍊濾每日空心煖酒一盞入野駝脂半兩許和服之

治風擊拘急偏枯血氣不通利雁脂酒方

右以雁脂四兩鍊濾過每日煖酒一盞以雁脂一匙和飲之

治頭風口動眼瞤脚膝頑痺無力小便數薯蕷酒方

生薯蕷半斤去皮　酒三升

右以酒一升煎一沸旋下薯蕷旋旋添酒薯蕷熟入酥蜜葱椒鹽空心服之

治風虛濕痺脚膝無力筋攣急痛巨勝酒方

巨勝三升炒　薏苡人一升　生乾地黄半升切

右以生絹袋盛用酒二升浸經三五宿任性煖服之

皮膚風痒明目枳殼方

枳殼一兩爲末水一升入末小許如茶煎服之

治野雞痔下血除目暗槐葉茶方

右以嫩槐葉一斤一如造茶法爲末如茶煎啜之

治諸氣食治諸方

治下氣消食訶梨勒茶方

訶梨勒一兩去核

右以水一升先煎三兩沸然後下訶子更煎三五沸作茶

色入少鹽啜之

治胸中伏熱下氣消痰化食去醋咽橘皮湯方

右以橘皮一兩去瓤微炒爲末如茶法薄煎啜之

論心腹冷痛食治諸方

夫心痛者爲風冷邪氣乘於心也凡心藏神如傷正經則旦發夕死夕發旦死耳心有包絡脉也心包絡脉者是心主之別脉也爲風冷所乘則心痛氣逆其五臟氣相干名厥心痛夫諸藏若虛受病氣乘于心則心下急痛是謂脾心痛也又云九種心痛者其名各不同一蟲心痛二疰心痛三風心痛四悸心痛五食心痛六飲心痛七冷心痛八熱心痛九久心痛謂之九種心痛也此皆諸邪之氣乘於手少陰之絡邪氣搏於正氣邪正相干交結相擊故令心痛也

治冷氣心痛發動無時不能下食桃人粥方

桃人 一兩去皮尖研以水投取汁　紅米 三合

右以桃人汁和米煑粥空心服之

治心腹冷氣叉心刺肋痛方

吳茱萸（末二分） 米（二合） 葱白一握（切）

右先煑粥熟下葱及茱萸末和勻空心食之

治心腹冷結痛或遇寒風及喫生冷卽發動高良薑粥方

高良薑（六分剉） 米（三合）

右以水二升煎高良薑取一升半去滓投米煑粥食之

治久患冷氣心腹結痛嘔吐不下食方

蜀椒（半兩口開者） 麵（三兩）

右先以醋浸椒經宿漉出以麵拌令勻以少水煑和汁呑之

治冷氣心腹脹滿不能下食紫蘇子粥方

紫蘇子（半升水㴱研以水二升攎取汁） 米（三合）

右以紫蘇汁和米煑粥著鹽豉空心食之

治心腹冷氣刺痛妨脹不能下食畢撥粥方

畢撥　胡椒　桂心各一分爲末

米三合

右煑作粥下畢撥等末攪和空心食之

論脚氣食治諸方

夫脚氣者皆風毒所生其因多得於病後初卽飲食減少漸而脚膝無力或縱緩攣急或行步艱難或腫或冷狀若蟲行久則惡聞飲食心胸衝悸壯熱頭昏言語忘誤若入於腹內則令人生上氣邪氣勝於正氣則爲血澀痺弱邪在膚腠則搔之狀如隔衣毒搏於腎藏則腫滿而喘急今江東嶺南之地其疾甚多若緩而治之必傷於人命蓋病之非常在治療

而宜速耳

治腫從足始轉入腹方

猪肝一具洗細切布絞更以醋洗

右以蒜齏食之一服不盡分作兩頓亦得

治浮腫脹滿不下食心悶方

猪肝一具切作𦢊

右者葱白豉薑椒熟煮食之

又方

猪肝一具以水煮令熟切食之

又方

猪脊骨膂上肉一條

右切作生蒜齏食之兼除風毒衝心悶

又方

紫蘇子半升擣令碎以水濾之取汁　粳米二合

右相和煮粥空心食之

治脚氣浮腫心腹脹滿大小便不通方

郁李人六分研濾取汁　薏苡人三合擣如粟米

右以郁李人汁煮作稀粥空心食之

又方

冬麻子半升炒擣研水濾取汁　米二合

右以麻汁煮作粥空腹食之

又方

水牛頭蹄治如食

右蒸熟爛停冷食之

治脚氣衝心煩躁不安言語錯謬方

鯉魚一頭（治如食） 蓴菜（四兩） 葱白（切三合）

右調和豉汁中煑作羹食及腤亦得

治脚氣頭面浮腫心腹脹滿小便澀少方

右取馬齒菜和少米醬汁煑熟食之

治脚氣腎虛風濕脚弱方

右取生栗子懸令乾每日平明喫三二十箇以腎粥食之佳

治脚氣腎虛腰脚無力方

猪腎一雙（去脂膜） 米（二合） 葱白（切二合）

右於豉汁中煑作粥著椒薑任性空心食之

治脚氣風痹不仁不緩筋急方

熊肉半斤

右切作腤臘著椒薑葱鹽任性空心食之

治風寒濕痹五緩六急方

烏雞一隻治如食

右煑令極熟調和作羹食之

治風毒脚膝攣急骨節疼方

豉心五升九蒸九曝

右以酒一斗半浸經宿空心燰服之

治脚氣心煩脚弱頭目眩冒痺濕筋急方

黑豆二升熟炒投酒一斗中密覆經宿飲之

治風寒濕痹四肢攣急骨節疼方

鹿蹄一具治如食　牛膝茱半斤

右煮令極熟著葱椒調和任性食之

治脚氣調中利筋骨木瓜湯方

木瓜一個去皮切　蜜三合　生薑

右於銀器中以水二升煎取一升投蜜服之

人參茯苓湯方

右以人參茯苓等分爲末沸湯如茶點之

論脾胃氣弱不多下食食治諸方

脾胃者中宮中宮土藏也土生萬物四藏皆含其氣故云人之虛者補之以味左傳曰味以行氣氣以實志滋行潤神必歸於食莊子云口納滋味百節肥焉脾養肥肉脾胃氣弱卽不能消化五穀穀氣若虛則腸鳴洩痢溏痢旣多卽諸藏竭肥肉消瘦百病輻湊且宜以飲食和邪益脾胃氣滋藏府養

於經脉疾之甚可謂上醫故千金方云凡欲治病且以食療不愈然後用藥

治脾胃氣弱不多下食四肢無力日漸消瘦方

麵四大兩　白羊肉四大兩

右溲麵作索餅以羊肉作臛熟煑空心食之以生薑汁溲麵更佳

治脾胃氣弱食飲不下黄瘦無力方

蓴菜　鯽魚各四兩

右魚以紙裹炮令熟去骨硏以橘皮鹽椒薑依如蓴菜羹法臨熟下魚和空心食之

治脾胃氣冷不能下食虛弱無力方

鯽魚半大斤作鱠

右熟煎豉汁投之著椒薑橘皮末作鶻膾空心食之

治脾胃氣弱不多下食宜釀猪肚方

猪肚一枚淨洗　人參　橘皮各四分

下饙飯半升　猪脾一枚淨洗細切

右以飯拌人參橘皮脾等釀猪肚中縫綴訖蒸令極熟空

腹食之鹽醬多少任意

治脾胃氣弱見食嘔吐瘦薄無力方

麵四大兩　雞子清四枚

右以雞子清溲麵作索餅熟煑於豉汁中調空心食之

治脾胃氣弱食不消化瘦薄羸劣方

麵麴各二大兩　生薑汁三大合

右以薑汁溲麵幷麴等作索餅熟煑著橘皮椒鹽以羊肉

臛豉汁食之

治脾胃冷虛勞羸瘦苦不下食方

羊脊骨一具（搥碎）　白米（半升）

右先煑骨取汁下米及葱白椒薑鹽作粥空心食之作羹亦得

治脾胃飡入即吐出方

羊肉半斤去脂切作生以蒜齏食之

治嘔吐湯飲不下方

粟米半升擣粉沸湯和丸如桐子大煑熟點少鹽食之

治乾嘔方

羊乳一杯煖空心飲之

治嘔吐百治不差方

生薑一兩切如棊豆大
右以酸漿水七合於銀器中煎取三合空心和汁喫
治脾胃氣弱惡心潰潰常欲吐方
虎肉四兩
右切作炙著葱椒腤炙令熟停冷食之經云熱食虎肉壞人齒
治脾胃氣弱不能食黃瘦無力方
生薑汁四合　生地黃汁一升　蜜二合
右微火煎令如稀餳空心服一匙煖酒下之
論五種噎病食治諸方
五噎者一曰氣噎二曰憂噎三曰食噎四曰勞噎五曰思噎
此皆陰陽不和三焦隔絕津液不利故令氣隔不調是以成

噎也

治五噎胸隔寒飲食不下瘦弱無力宜食羊肉索餅方

羊肉四兩炒作臛　麵半斤　橘皮一分作末

右和麵以生薑汁溲作索餅空心食之

治五噎飲食不下喉中妨塞瘦弱無力宜喫黃雌雞索餅方

黃雌雞隨多少炒作臛　麵半斤　桂末一分

茯苓末一兩

右以桂末茯苓末和麵溲作索餅熟煮兼臛食之

治五噎飲食不下胸中結塞瘦弱無力方

烏雌雞肉㸃治如常　麵四兩　桑白皮

茯苓各八分　桂心四分並剉

右以水一升煎桑白皮等三味汁三合溲麵和肉煮熟食

之

治五噎不下食方

右取崖蜜含微微嚥之即差

治氣噎方

蜜壹升　酥三兩　薑汁三合

右相和微火煎如稀餳入酒中飲之

治噎病胸膈積冷飲食不下黃瘦無力方

蜀椒壹百粒開口者

右以醋淹浸令濕漉出麵拌令匀熟煮和汁吞之差

治胸膈氣擁結飲食不下桂心粥方

桂心四分　茯苓六分　桑白皮十二分

右細剉以水二升煎取壹升半去滓量事著米煮粥食之

治噎病不下食方

春杵頭糠半合　麵四兩

右相和溲作餺飥空心食之

論消渴飲水過多小便無度食治諸方

凡消渴有三一曰消渴二曰消中三曰消腎渴而飲水小便多者名曰消渴喫食多不甚渴小便數漸消瘦者名曰消中渴而飲水不絕腿膝瘦弱小便渴有脂液者名曰消腎此蓋由積久嗜食鹹酸飲酒過度無有不成消渴然本草云大寒凝海唯酒則不冰明其酒性酷熱物無以喻此之二味酒徒耽嗜不離其口酣醉之後制不由己飲噉無度加以鮓醬不擇鹹酸積長夜酣飲不懈遂使三焦猛熱五藏乾燥木石猶且焦枯在人何能不渴治之愈不愈屬在病者若能如方節

慎旬月而瘳不自愛惜死不旋踵方雖有效其如不慎者何其所慎者有三一酒二房室三鹹酸麵食能慎此者雖不服自可無他不防此者縱金丹不救良可悲夫宜深思之

治消渴口苦舌乾骨節煩熱方

枸杞根　桑白皮（切一升）　生麥門冬（壹升去心）

小麥（壹升）

右以水壹斗煑取五升去滓渴卽飲之

治消渴傷中小便無度方

黃雌雞一隻（治如喫法）

右煑令極爛漉去雞停冷取汁飲之

治傷中消渴口乾小便數方

野雞壹隻（治如食）

右煑令極熟漉雞出渴卽飲其汁

治消渴日夜飲數斗水小便數瘦弱方

猪肚一枚淨洗

右以水煑令極熟著少豉汁和煑渴卽飲汁飢即食肚

治消渴飲水不知足方

兎骨一具

右以水煑取汁飲之

治消渴口乾方

鹿頭一枚治如食

右蒸令極熟醬醋食之

治補虛羸止渴牛乳方

取牛乳不揀冷煖任性飲之

治消渴發動無時飲水無限方

蘿蔔擣絞取汁一升頓服之立定

治消渴口乾方

菰蔣草根半斤 葱白一握切 冬瓜一斤切

右於豉汁中煮作羹食之

又單方煮豉停冷渴卽飲之

又方

大小麥米煮粥飲食之

又方

青小豆煮和粥食之

治大渴祕方

以青粱米煮取汁飲之以瘥止

治虛冷小便數方

雞腸一具治如食

右切作臛和酒飲之

論十水腫諸方

夫十水者靑水赤水黃水白水黑水玄水風水石水果水氣水是也靑水者先從面目腫徧一身其根在肝赤水者先從心腫其根在心黃水者先從腹腫其根在脾白水者先從脚腫上氣而欬其根在肺黑水者先從足趺腫其根在腎玄水者先從面腫至口其根在膽風水者先從四肢起腹滿大且盡腫其根在胃石水者先從四肢瘦其腹獨大其根在膀胱果水者先從臍腫其根在小腸氣水者乍盛乍虛乍來乍去其根在大腸皆由榮衞否澀三焦不調腑臟虛弱所生雖名

證不同並令身體虛腫喘息上氣小便黃澁也

治大腸水腫乍虛乍實方

白羊肉半斤 白當陸切五合

右以水五升煑令熟著葱白鹽醋椒等作臛食之

治水氣浮腫肚脹滿小便澀少方

水牛蹄壹隻治如食

右以隔夜煑令熟取汁作羹蹄切空心食之

治水氣大腹浮腫小便澀少方

水牛尾壹枚治如食

右細切作腤臘熟煑空腹食之

又方

牛肉壹斤蒸令熟薑醋食之

又方

水牛皮治如食蒸令極爛切於豉汁中爕過食之

又方

烏犍牛小便空腹服半升亦甚利小便

治十種水病不差垂死方

猯猪肉一斤切米半升

右於豉汁中煑作粥著薑椒葱白空心食之

又方

猯猪肉單煑食及作羹𦟌炒任意食之

又方

鱧魚一頭重一斤治如食法冬瓜子壹升水研取汁

又方

赤小豆壹升

右以冬瓜子汁煮鱧魚豆等令熟空心食之

治脚腫滿轉上入腹方

右以水五升煮黑豆令極熟去豆適寒溫以浸脚

治水氣利小便除浮腫方

大豆　桑構枝（剉各壹升）

右以水五升煮取二升去滓渴即飲之

論七種淋病食治諸方

七淋者石氣膏勞熱血冷等名爲七淋也石淋者淋而出石腎主水水結而成石也氣淋者腎虛膀胱熱氣脹所爲也膏淋者肥脂狀如膏也勞淋者傷腎氣而生熱也熱淋者二焦有熱氣傷於腎流入於胞而成也血淋者其狀赤澀熱甚而生也冷淋者腎氣虛弱下焦受於寒氣入胞與正氣交爭遂

食醫心監

顫寒而成也諸淋者由腎虛而膀胱熱也膀胱津液之腑熱則津液內溢而流于胞水道不通故水不上不下停積於胞腎虛則小便數膀胱熱則水下澀數而淋瀝不宣也其狀小便出少而小腹急痛謂之淋也

治七淋小便澀少莖中疼痛宜食冬麻子粥方

冬麻子（壹升擣水研濾取汁一升） 米（二合）

右以冬麻子汁煑粥著葱白熟煑食之

治七淋小便澀少莖中痛宜喫葵菜粥方

葵菜（三斤） 葱白（壹握） 米（三合）

右煑葵取濃汁投米及葱煑熟點少許濃豉汁調和空心食之

治七淋小便不通閉妨宜喫蘇漿水粥方

土蘇壹兩　米三合　漿水三升

右以漿水煮作粥下蘇適寒溫食之

治七淋小腹結痛小便不暢宜喫楡白皮索餅方

楡白皮二兩切　麵四兩

右以水一升煎楡白皮汁三大合去滓溲麵作索餅於豉汁中熟煮空心食之更啜二兩盞葱茶妙

治熱淋小便出血莖中疼痛宜喫車前葉羹方

車前葉一斤切　葱白一握切　米二合

右和豉汁中煮作羹空心食之

治屎血滲痛方

車前葉生擣絞取汁三合　生地黃汁三合　蜜二合

右相和微煖空心分爲二服

治熱淋小便澀少滲痛瀝血宜喫蒲桃煎方

蒲桃絞取汁五合　藕汁五合　生地黃汁五合

蜜五合

右相和煎如稀餳食前服三兩合日再服

治熱淋小便澀痛壯熱腹肚氣方

冬瓜一斤治如食　葱白一握切　冬麻人一升以水研濾取汁

右以冬麻子汁煮作羹空腹食之

治小便澀少疼痛青頭鴨羹方

青頭鴨一隻治如食　蘿蔔根　冬瓜

葱白各四兩

右如常法羹煮鹽醋調和空心食白煮亦佳

治小便澀少尿引莖中痛青粱子米粥方

青粱米　葱白切各一升

右於豉汁中煑作粥食之

治小便澁少尿閉悶水牛肉羹方

水牛肉一斤　冬瓜　葱白一握切

右以豉汁中煑作羹任性著鹽醋空心食之

治小便不通淋瀝閉痛青小豆方

青小豆半升　冬麻子一升微妙　生薑一分切

白米半升

右以水二升研濾麻子取汁幷投薑豆煑粥空心食之

治小便澀少通淋瀝痛叉青小豆粥方

青小豆壹升　通草四兩剉　小麥壹升

右以水四升煎通草取汁二升去滓煑麥豆等作粥食之

治熱淋利小便梟葵粥方

梟葵二斤水中杏菜是也　米半升

右於豉汁中煑作粥空心食之

小便數食治諸方

小便數而多者由下焦虛冷故也腎主水與膀胱爲表裏腎氣衰弱不能制於津液胞中虛冷水下不禁故小便數也

治膀胱虛冷小便數不禁黃雌雞粥方

黃雌雞壹隻治如食　粳米壹升

右煑作粥和鹽醬醋空心食之

治下焦虛小便數炙黃雌雞方

黃雌雞壹隻治如食

右炙令極熟刷鹽醋椒末空心食之

治下焦虛冷小便多數無力生薯蘗酒方

生薯蘗半斤刮去皮拍令碎用

右於鐺中煑酒酒沸微微下薯蘗不得攪候熟著鹽椒葱白更入酒少許空心服之妙

治小便多數瘦損無力羊肺羹方

右以羊肺一具細切葱白壹握於豉汁中煑食之

又方

羊肺壹具細切和少羊肉作羹食之

治止小便數小豆葉羹方

右以小豆葉壹斤作羹食之

治止小便數雞腸菜羹方

右以雞腸壹斤於豉汁中煑調和作羹食之

論五痢赤白腸滑食治諸方

赤白痢者皆由榮衛不足腸胃虛弱冷熱之氣乘虛入胃客風於腸間腸虛則泄然其赤白者是熱乘於血血滲腸內則赤冷氣入腸津液凝滯則白冷熱交爭故赤白相雜凡痢有胃痢脾痢大腸痢小腸痢大瘕名曰後重胃痢者飲食不化色黃脾痢者腹肚脹滿泄注無度食既嘔吐大腸痢者食已窘迫大便色白腸鳴切痛小腸痢者溲便膿赤血小腸刺痛大瘕痢者裏急重數至圊而不能便莖中痛是腎痢也按諸方痢有三十餘種而此唯具五種者蓋是舉其宗維者

治脾氣弱大腸虛冷痢白如濃涕腰臍切痛方

鯽魚（作鱠）

右以橘皮胡椒時蘿等末熟煎豉汁投鱠於中空心食之

治胃腸冷洞痢不止方

赤石脂二兩研　雲母粉二兩　麵二兩

右相和溲作飥飩熟煮食之著鹽醋調和亦得

治脾胃氣虛腸滑下痢方

黃雌雞一隻治如食法

右炙椎更以鹽醋刷炙之令通透熟空心食之

治脾胃氣下痢瘦方

猪肝一斤　蕪荑末六分

右薄起肝糝蕪荑末麵裹更以濕紙裹煨熟去麵空心食之

治脾胃氣虛食則嘔出猪肝丸方

猪肝一斤薄起於瓦上曝令極乾

右擣爲末煑白粥絞取汁和之手丸如梧桐子大空心飯飲下三十丸

又方

猪肝半斤（薄起瓦上曝令極乾）　野雞臆鳧前肉四兩（曝令乾）

右擣爲末以粥飲和爲丸如梧桐子大空心以飲下三十丸

治腸胃冷下赤白痢鯽魚粥方

鱠（四兩）　粳米（二合）

右淅米和鱠煑粥椒鹽葱白任意食之

治久痢赤白鯽魚鱠方

鯽魚作鱠蒜齏食之

治脾胃氣弱食不消化下赤白不止方

麴三片（搗末）　紅米（二合）

右煑作粥空心食之亦治小兒無辜痢

治腸滑赤白下痢白樹雞粥方

白樹雞（三兩洗擇細切是白木耳）　米（二合）　薤白（五合切）

右相和於豉汁中煑作粥空心食之

治脾虛冷下白膿痢及水穀痢薤白粥方

薤白（五合切）　粳米（三合）

右相和煑作粥任性著葱椒攪令熟空心食之

治血痢日夜百餘行方

葛粉（三兩）　蜜（一兩）

右以新汲水四合攪調空心頓服之

治諸痢不差黍米粥方

黍米二大合　羊脂各一兩

右煑黍米臨熟投蠟羊脂攪令消空心食之

治赤白痢及血痢小便不通方

蜜壹合　馬齒菜擣取汁三合

右相和微煖空心頓服之

治水痢方

林檎十顆切作片

右以水一升半煑取六合林檎並汁並食之

治赤白痢及熱毒痢方

右好茶濃煎服三椀

論五種痔病下血食治諸方

夫痔之所發皆由傷於風濕飲食過度房室勞傷致使氣血

流溢滲入腸間衝發下部而成痔疾其證有五牡痔則肛傍生鼠乳在外時時膿血出也牝痔肛傍腫而出血也脉痔肛傍痒痛而血出也腸痔肛傍腫核痛發寒熱而出血也血痔因便閗而血隨出也又有因酒因氣得之則大便難而久不已變之作瘻也

治痔氣下血不止無力方

野雞一隻治如食法

右細切著少麪幷椒鹽葱白調和溲作餅炙熟和醋食之

治五痔下血不止炙鸜鵒方

右以鸜鵒一隻治洗炙令熟食之作粥亦得

治五痔下血不止煮木槿花方

木槿花壹斤

右以少豉汁和椒鹽葱白炰令熟空腹食之

治痔疾下血扁竹葉羹方

扁竹葉半斤

右切於沸湯中煮作羹著鹽椒葱白調和空心食之

治痔下血不止方

桑耳半斤

右以水三升煎取二升去滓著鹽椒葱白米糝煮作粥食之

治久患痔下血不止肛邊及腹肚疼痛野猪肉炙方

右以野猪肉二斤切作炙著椒鹽葱白腤熟空心食之

治痔下血不止肛腸疼痛鱧魚鱠方

右以鱧魚不限多少切作鱠以蒜齏食之腤亦得鯽魚鱠

及羹亦得

治五痔下血蒼耳葉羹方

蒼耳葉壹斤（嫩者） 米（二合）

右細切於豉汁中和米煑作羹著鹽椒葱白空心食之

治五痔下血不止杏人粥方

杏人一兩（湯浸去皮尖及雙人擣以水三升研取汁）

右煎汁沸投米煑粥食之

治五痔下血黃蓍粥方

黃蓍（六分剉） 米（三合）

右以水三升煎黃蓍取一升去滓澄清著米煑粥空心食之

治五痔瘻瘡殺諸蟲鰻鱺魚炙方

右以鰻鱺魚治如食切作炙鹽葱椒白調和食之

治五痔瘻瘡方

右以鵞鶿一隻治如食炙令極熟細切以五辣醋食之

論婦人姙娠諸病及產後食治諸方

凡初有娠四肢沈重胸膈痰飲不多欲食脉理順時則是欲有娠如此經三兩月便覺不通則結胎也其狀心憒憒頭重目眩四肢沈重懈墮不欲執作惡聞食氣噉酸鹹果實多臥少起是謂惡食其至三四月已上皆大劇吐逆不能自勝舉者便依此飲食將息既得食力體強色盛力足養胎母便健矣

夫產生之理吁可大歎十月既足百骨坼肥肉開解兒始能生百日之內猶尚虛羸時人將爲一月便云平復豈不謬乎

飲食失節冷熱乖衷血氣虛損因此成疾藥餌不知更增諸疾且以飲食調理庶爲良工耳

治初姙娠心中憒悶嘔吐不下食惡聞食氣頭重目眩四肢煩疼多臥少起增寒汗出疲乏宜食羊肉索餅方

羊肉四兩作臛　麵半升

右溲麵作索餅和臛調和空心食之

治姙娠胎動臟腑擁熱嘔吐不下食心煩躁悶宜服鯉魚湯方

鯉魚一頭治如食　葱白一握切

右以水三升煮魚及葱令熟空心食之

治姙身胎動不安宜喫糯米阿膠粥方

糯米三合　阿膠四分炙搗末

右煑糯米粥投阿膠末調和空心食之

治安胎及風寒濕痺腰脚痛方

烏雌雞一隻（治如食）　紅米三合

右煑雞熟切肉和米煑粥著鹽椒薑葱調和空心食之作羹及餛飩索餅食之

治養胎藏及胎漏下血心煩口乾丹雞索餅方

丹雄雞一隻（治如食作臛）　麵壹斤

右溲麵作索餅熟煑和臛食之

治姙娠下血不止名曰漏胞胞乾胎死宜食地黃粥方

右取地黃汁三合先糯米作粥煑熟投地黃汁攪令匀空腹食之地黃汁煖酒和服亦佳

治姙娠恒若煩悶此名子煩宜喫竹瀝粥方

右以粟米三合煮粥臨熟下淡竹瀝三合攪令勻空心食之

治姙娠腰痛方

右以黑豆一升酒三升煮取七合去豆空心服之

治姙娠咳嗽車釭酒方

右以車釭壹枚燒令赤投壹升酒中適寒溫服之

治姙娠傷寒頭痛方

豉三合　葱白一握　生薑一兩

石膏半兩煅

右以水一升煎豉等四味三兩沸去滓頓服之得汗佳

治姙娠損動下血不止煩悶方

右以冬麻子一升炒以水二升研濾取汁煎兩沸分作三

服

治姙娠脹滿方

以鐵秤錘壹枚燒令赤投一升酒中適寒溫頓服之

治初産腹中瘀血及瘕血結痛虛損無力宜食地黃粥方

生地黃汁三合　生薑一兩取汁　粳米三合

右煮粥臨下地黃生薑汁攪令勻空心服之

治産後血瘕痛惡露不多下宜喫桃人粥方

右桃人一兩去尖皮研以水濾取汁煮米作粥食之

治産後血氣不調不能下食虛損無力方

白羊肉半斤　紅米三合

右調和五味椒葱作粥食之

治産後積血風腫補中益氣利小便冬麻子粥方

冬麻子（一升擣研以水二升取汁） 紅米（三合）

右以麻汁和米煮粥食之

治產後中風血氣擁驚邪憂恚猪心羹方

右猪心壹枚煮熟切以葱鹽調和作羹食之入少胡椒末亦佳

治產後血瘕兒枕痛秤錘酒方

鐵秤錘（一枚斧頭鐵杵亦得） 酒（一升）

右燒秤錘令赤投酒中良久去錘量力服

治產後虛羸無力腹肚冷血氣不調及傷風頭疼羊肉脂膪方

右羊肉一斤切如常法調和作脂膪食之煮羹亦得

治產後風虛五緩六急手足頑痺頭旋目眩及血氣不調方

右黑豆一升炒以酒三升浸之一宿隨性煖服

治產後風眩瘦病五勞七傷心虛驚悸羊頭肉方

右白羊頭肉一枚治如法煮熟切於五味中食之

治產後虛勞百病血氣不調腹肚結痛血暈惛憒心煩躁不多下食地黃煎方

生地黃汁　藕汁各一升　生薑汁二合

蜜四合

右相和煎如稀餳空心煖酒入一匙服之

治產後百病血暈心煩悸惛憒口乾生地黃汁方

生地黃汁三合　藕汁三合　童子小便二合

右相和煎一兩沸分為二服

治產後赤白痢腰臍肚絞痛不下食炮豬肝方

豬肝四兩　蕪荑末一兩

右薄起豬肝糝蕪荑末於肝葉中溲麵裹更以濕紙重裹於煻灰中炮令熟去紙及麵空心食之

治產後赤白痢臍肚痛不可忍不可下食鯽魚粥方

鯽魚一斤半　紅米叁合

右以紙各裹魚於煻灰中炮令熟去骨研煑粥熟下鯽魚攪令勻空心食鹽葱醬如常

治產後傷中消渴小便數腸澼下痢補五藏益氣黃雌雞粥方

黃雌雞一隻治如常　紅米三合

右切取肉和米煑粥著鹽薑葱醬食之

治產後蓐勞乍寒乍熱豬腎羹方

豬腎一雙去脂膜　紅米一合

右著葱白薑鹽醬煑作羹喫之

治產後虛損乳汁不下豬蹄粥方

豬蹄一隻治如常　白米半升

右煑令爛取肉切投米煑粥著鹽醬葱白椒薑和食之

治產後乳汁不下閉妨痛豬肝羹方

豬肝一具切　紅米一合　葱白鹽豉等

右以肝如常法作羹食作粥亦得

治產後血氣不調積聚結痛兼血暈悸憒及赤白痢馬齒粥方

馬齒菜一斤　紅米二合

右相和煑作粥食之鹽醬任性著食

治產後赤白痢臍肚痛不下食鯽魚鱠方

鯽魚一斤作鱠　蒔蘿　橘皮

蕪荑　乾薑　胡椒各一分作末

右以鱠投熱豉汁中良久下諸末調和食之

治產後赤白痢臍腰痛薤白粥方

右以薤白切一升紅米三合煮粥空心食之

治產後痢腰腹肚痛野雞肉餛飩方

右以野雞一隻治如常作餡溲麵皮作餛飩熟煮空心食之

小兒諸病食治諸方

治小兒臍汁出不止兼赤腫白石脂散方

右以白石脂末四錢乾傅臍中

治小兒舌上瘡作白方

右取羊蹄雙骨中髓以胡粉和調傅之日可三上

治小兒髮稀乍寒乍熱黃瘦無力宜喫生地黃粥方

生地黃汁一合 紅米一合

右煑作粥臨熟下地黃汁攪調和食之

治小兒喉痺腫痛方

右取蛇脫皮燒作灰乳汁和一匕服之

又方

取露蜂房燒作灰乳汁和一匕服之

治小兒數歲不能行方

取葬冢未開戶盜食來以哺之日三便起行

治小兒未行母有孕飲膠妳羸瘦方

右取伏翼熟炙噉之日三四度

治小兒嘔吐心煩熱生蘆根粥方

右生蘆根一兩淨洗以水一升煎取汁七合去滓紅米一合於汁中煑粥食之

治小兒腸胃虛冷嘔吐及痢驚啼人參粥方

人參 茯苓各三分 麥門冬四分去心

紅米一合

右以水一升半煎三味取汁七合去滓下米煑粥食之

治小兒咳嗽氣急小便澀少面目浮腫冬麻子粥方

右冬麻子三合研取汁白米三合煑粥空心食之

又方

嫩桑枝切三合 楮枝三合 米三合

右以水二升煎桑楮枝取汁一升去滓煑米作粥食之

治小兒水氣腹肚妨痛脹滿面目腫小便不利郁李仁粥方

右郁李人四分以水八合研濾取汁以白米一合煑粥空心食之

治小兒冷氣腹肚脹滿不多下食紫蘇子粥方

右紫蘇子三合以水研濾取汁以白米二合投汁中煑粥食之

治小兒疳痢垂死方

右取益母葉煑與食即差

治小兒血痢方

右取馬齒菜生擣絞取汁一合和蜜一匙攪調空心食之

治小兒瀉痢腹肚絞痛方

右取益母草葉煑食之
治小兒下痢不止瘦㑭雞子粥方
右以雞子一枚米一合煑米作粥臨熟破雞子相和熟食之
治小兒下痢日夜數十度漸困無力黍米粥方
黍米一合 雞子一枚 蠟一分細切
右煑黍米粥臨熟下雞子及蠟攪勻令熟食之
治小兒蟯蟲下部痒方
右取扁竹葉一握以水一升煎取五合去滓空心食之
治小兒心下逆氣驚癇寒熱喘息咽痛石膏粥方
石膏四兩 細米一合
右以水三升煑石膏取一升汁去滓下米煑粥食之

治小兒驚癇發動無時母猪乳汁方

右母猪乳汁三合以緜纏浸乳汁令小兒吮之

治小兒夜啼法

右人定後閉氣書臍下作田字

治小兒夜啼小便不通肚痛漿水粥方

右以漿水煮白米二合作稀粥臨熟下葱白和勻食之

治小兒心藏風熱惛憒煩躁不能下食梨粥方

消梨三顆擣濾取汁　白米三合

右煑粥臨熟下梨汁攪和食之

治小兒心藏風熱惛憒恍惚淡竹葉粥方

淡竹葉一握　米一合

右以水一升煑竹葉濾取汁七合煑粥熟下竹葉汁相和

食之

治小兒心藏風熱煩躁恍惚皮膚生瘡牛蒡粥方

右牛蒡根研濾取汁三合以白米一合煑粥熟投汁調和食之

治小兒風熱嘔吐壯熱頭痛驚悸夜啼乾葛粥方

右乾葛一兩以水一升半煎取汁去滓下米一合煑粥食之

治小兒壯熱嘔吐不下食粉葛湯方

右葛粉二兩以水三合相和調粉於銅紗羅中令遍沸湯中煑熟食之

主漆瘡方

用韮葉研傅之

食醫心鑑

辛丑六月朔校讀於掖庭醫局是書譌字殊多不敢臆改一依其舊云　元堅識

嘉永甲寅仲秋晦夜燈下校正一過　約之

此書唐昝殷撰宋史藝文志著錄作二卷是此書至宋尚存
今久佚矣此本乃日本人從高麗醫方類聚中采輯而成雖
不能復原本之舊然當已得其太半晁氏讀書志謂殷蜀人
大中初著產寶以獻郡守白敏中今殷所撰產寶日本尚有
影宋刊足本此書乃不得完帙可惜也光緒辛丑游日本得
之東京卷耑有青山求精堂藏書畫之記及森氏二印後有
丹波元堅及森約之手識二則戊申正月上虞羅振玉記

書名：食醫心鑑
系列：心一堂・飲食文化經典文庫
原著：【唐】昝殷
主編・責任編輯：陳劍聰

出版：心一堂有限公司
通訊地址：香港九龍旺角彌敦道六一〇號荷李活商業中心十八樓〇五一〇六室
深港讀者服務中心：中國深圳市羅湖區立新路六號羅湖商業大厦負一層〇〇八室
電話號碼：(852) 67150840
網址：publish.sunyata.cc
淘宝店地址：https://shop210782774.taobao.com
微店地址：https://weidian.com/s/1212826297
臉書：https://www.facebook.com/sunyatabook
讀者論壇：http://bbs.sunyata.cc

香港發行：香港聯合書刊物流有限公司
地址：香港新界大埔汀麗路36號中華商務印刷大廈3樓
電話號碼：(852) 2150-2100
傳真號碼：(852) 2407-3062
電郵：info@suplogistics.com.hk

台灣發行：秀威資訊科技股份有限公司
地址：台灣台北市內湖區瑞光路七十六巷六十五號一樓
電話號碼：+886-2-2796-3638
傳真號碼：+886-2-2796-1377
網絡書店：www.bodbooks.com.tw
心一堂台灣國家書店讀者服務中心：
地址：台灣台北市中山區松江路二〇九號1樓
電話號碼：+886-2-2518-0207
傳真號碼：+886-2-2518-0778
網址：http://www.govbooks.com.tw

中國大陸發行　零售：深圳心一堂文化傳播有限公司
深圳地址：深圳市羅湖區立新路六號羅湖商業大厦負一層008室
電話號碼：(86)0755-82224934

版次：二零一八年四月，平裝

定價：港幣　七十八元正
　　　新台幣　二百九十八元正

國際書號 ISBN 978-988-8316-12-0